AF402179

Arithmétique

—

Corbeil, 1869.

ARITHMÉTIQUE.

Nous diviserons l'Arithmétique en neuf chapitres :

Chapitre premier. — NUMÉRATION.

1. L'*Arithmétique* est la science des nombres.

Les *nombres* sont des collections d'unités, comme 5 pommes, 3 chevaux ; ou de parties d'unités, comme 5 décilitres, 32 centimètres, 75 centimes.

2. Les nombres sont *entiers* lorsqu'ils désignent des collections d'objets entiers, comme 24 mètres, 38 grammes ; — ils sont *décimaux* quand ils expriment des objets et des parties d'objets, comme 3 ares, 25 centiares ; ou des parties d'objets seulement, comme 72 dix-millièmes, 44 centiares. On sépare les objets entiers des parties d'objets par une *virgule* (,) et les chiffres placés à droite de cette virgule s'appellent *décimales :* ainsi 3^m,75 se lirait 3 mètres 75 centièmes de mètre.

3. La *numération* apprend à *former* les nombres.

Il y a deux sortes de numération : la numération parlée et la numération écrite. La numération parlée apprend à exprimer les nombres au moyen de mots. La numération écrite enseigne à écrire les nombres au moyen de signes appelés chiffres.

Ces chiffres sont :

un, deux, trois, quatre, cinq, six, sept, huit, neuf, zéro.
 1,   2,   3,   4,   5, 6,   7,   8,   9,   0.

4. L'*unité* est une quantité arbitraire que l'on prend pour servir de terme de comparaison aux objets de la même nature, comme le *mètre,* le *franc,* le *kilogramme,* le *litre,* le *jour,* l'*heure,* etc. On appelle *multiples* des quantités de dix en dix fois plus grandes que l'unité, et *sous-multiples* des quantités de dix en dix fois plus petites que l'unité.

5. Le *calcul* est l'art d'augmenter et de diminuer les nombres ; l'*addition* et la *multiplication* les augmentent en général ; la *soustraction* et la *division* les diminuent.

6. Pour *former* les nombres, on a ajouté l'unité successivement à elle-même, et on a donné un nom particulier à chaque collection ainsi obtenue.

7. Pour *lire* un nombre entier, on le sépare par des points en tranches de trois chiffres, en allant de droite à gauche ; puis, commençant par la gauche, on énonce chaque tranche séparément en lui donnant le nom qui lui convient.

Voici l'ordre des tranches :

Billions.   millions. mille. unités. décimales.

cent. diz. unités   c d u   c d u c d u   d c m

Ainsi 37523458, étant partagé en tranches, comme nous avons dit, deviendra 37.523.458, que l'on énonce 37 millions 523 mille 458 unités. Il suffit donc de savoir lire un nombre de trois chiffres pour énoncer un nombre, quelque compliqué qu'il soit.

Chaque tranche, on le voit, renferme trois chiffres (excepté la première à gauche, qui souvent n'en a qu'un ou deux) : le premier à droite est celui des *unités simples ;* le second, des *dizaines ;* le troisième, des *centaines ;* dans 458, il y a donc 8 unités, 5 dizaines et 4 centaines.

Dans le nombre que nous avons énoncé plus haut, il se trouve 523 mille, qui se décomposeraient de même en 3 unités de mille, 2 dizaines de mille, 5 centaines de mille ; et ainsi des autres tranches.

Pour lire un nombre décimal, on énonce d'abord la *partie entière* (jusqu'à la virgule), comme nous venons de le voir, puis les *décimales*, en leur donnant le nom qui leur appartient.

C'est-à-dire *Dixièmes*, s'il n'y a qu'*une* décimale.

        Centièmes, s'il y en a *deux*.

        Millièmes, s'il y en a *trois*.

        Dix-millièmes, s'il y en a *quatre*.

        Cent-millièmes, s'il y en a *cinq*.

        Millionièmes, s'il y en a *six*, etc.

Le nombre 87523^{litres}, 2438, étant partagé, devient 87.523^{litres}, 2,438, qui s'énonce : 87 mille 523 litres, 2 mille 438 *dix-millièmes*.

(D'habitude, comme les décimales ne sont jamais bien nombreuses, on se dispense de les séparer en tranches, avant de les énoncer.)

Si l'on avait à lire ce nombre : 0^m,075 ; comme la partie entière est 0, c'est-à-dire est *nulle*, nous n'énonçons que la partie décimale 075 : 75 *millièmes*.

8. Pour *écrire* un nombre entier, il faut se rappeler l'ordre des tranches :

    Billions. millions. mille. unités.

et se souvenir : 1° qu'il faut trois chiffres dans chaque tranche ; 2° qu'on complète par des zéros *placés à gauche* celles qui n'ont pas trois chiffres ; 3° que, si *une* ou *plusieurs* tranches viennent à manquer, on les remplace par des *zéros*.

Si nous avions donc à écrire 8 millions 24 mille 5 unités, nous le ferions ainsi : 8.024.005.

Et encore, 16 millions 25 litres s'écriraient de cette façon : 16.000.025 litres, en remplaçant les *mille* qui manquent par trois zéros.

Pour écrire un nombre *décimal*, on écrit d'abord la partie entière comme précédemment ; puis les *décimales*, en ayant le soin d'écrire *à gauche* autant de zéros qu'il en faut pour compléter le nombre de chiffres voulus : 1 pour les *dixièmes*, 2 pour les *centièmes*, 3 pour les *millièmes*, 4 pour les *dix-millièmes*, 5 pour les *cent-millièmes*, etc.

Soit à écrire 8 mètres 24 dix-millièmes.

Puisqu'il faut quatre décimales pour les dix-millièmes, nous écrirons :

$$8^m, 0024.$$

Soit encore 8 millions 71 mille 2 francs, 9 centièmes.

Nous aurons : 8.071.002 fr., 09, — puisqu'il faut 2 décimales pour les centièmes.

Quand il n'y a pas d'unités à écrire, on les remplace par un *zéro* suivi d'une *virgule*. Ainsi 403 cent-millièmes de litres s'écriront de cette manière : $0^l,00403$, puisqu'il n'y a pas de litres, et qu'il faut 5 chiffres pour les cent-millièmes.

9. SIGNES EMPLOYÉS EN ARITHMÉTIQUE.

Pour l'Addition..... $+$ qui s'énonce *plus*.
— la Soustraction $-$ —   *moins*.
— la Multiplicat.. $\times$ —   *multiplié par*.
— la Division. — ou :   —   *divisé par*.
— le Signe ...... $=$ veut dire *égale*.

Chapitre II. — ADDITION.

10. L'*addition* a pour but de réunir plusieurs nombres exprimant des unités de même nature en un seul, qu'on appelle *somme* ou *total*.

11. Pour faire une addition, on dispose les nombres les uns sous les autres, de manière que les unités, dizaines, centaines, etc., se correspondent ; on tire un trait horizontal sous le tout, et, commençant par la droite, on fait la somme des chiffres de la première colonne à droite, qui est celle des unités ; si cette somme ne dépasse pas 9, on l'écrit telle qu'on la trouve, si elle passe 9, on écrit seulement les *unités* et l'on reporte les dizaines sur la seconde colonne, jusqu'à la dernière à gauche, où l'on écrit le résultat tel qu'on l'a trouvé.

L'addition des nombres décimaux se fait de

même, sans avoir égard à la virgule ; seulement on sépare sur la droite de la *somme* autant de décimales qu'il y en a dans le nombre qui en renferme le plus.

EXEMPLES.

8.783 hommes	787 kilog.	085 g.
2.875 —	194 —	12
3.496 —	63 —	9446 décig.
Somme 15.154 hommes	1045 kilog.	1496 décig.

12. On fait la *preuve* de l'addition en recommençant l'opération de bas en haut : si le résultat est le même, c'est qu'on avait probablement bien opéré d'abord.

Chapitre III. — SOUSTRACTION.

13. La *soustraction* a pour but de retrancher un nombre d'un autre nombre de même espèce plus grand. Le résultat de l'opération s'appelle *reste* ou *différence*.

14. On dispose les deux nombres comme pour l'addition, en mettant le plus grand en haut; puis on commence par la droite : on retire chaque chiffre inférieur de son correspondant supérieur, et l'on écrit le reste sous le trait horizontal. Si le chiffre inférieur est plus grand que son correspondant, on met, par la pensée, un 1 devant ce correspondant (3 devient 13 ; 0 devient 10 ; 8 devient 18, etc.) ; mais il faut ensuite *ajouter* 1 au chiffre inférieur immédiatement à gauche de celui sur lequel on vient d'opérer (3 devient 4 ; 0 devient 1, etc.).

EXEMPLES.

De	8.362 enfants	53.148 soldats	35.003 pêches
Otez	5.240	29.413	4.775
Restes	3.122 enfants	23.735 soldats	30.228 pêches

15. La soustraction des nombres décimaux se fait de même ; il faut seulement compléter par des zéros, écrits à droite, les décimales qui pourraient manquer dans l'un ou l'autre des nombres, et placer la virgule au *reste* avant les unités.

Ainsi,

$$837^{m},875 \qquad 2.965^{a},43 \qquad 674^{st},$$
$$725,\ 22 \qquad\ 872,\ 7435 \qquad 324,\ 725$$

se changeront en

$$837^{m},875 \qquad 2.965^{a},4300 \qquad 674^{st},000$$
$$725,\ 220 \qquad\ 872,\ 7435 \qquad\ 324,\ 725$$
$$112,\ 655 \qquad 2.092,\ 6865 \qquad 349,\ 275$$

16. PREUVE. — En additionnant le *petit nombre* avec le *reste*, la somme doit égaler le *grand nombre*.

Grand nombre.. 837,875
Petit nombre.... 725,220
———
Reste.......... 112,655

837,875

Chapitre IV. — MULTIPLICATION.

17. La *multiplication* a pour but, connaissant deux nombres, l'un appelé *multiplicande* et l'autre *multiplicateur*, d'en former un troisième appelé *produit*, qui contienne autant de fois le multiplicande qu'il y a d'unités dans le multiplicateur.

1	2	3	4	5	6	7	8	9
2	4	6	8	10	12	14	16	18
3	6	9	12	15	18	21	24	27
4	8	12	16	20	24	28	32	36
5	10	15	20	25	30	35	40	45
6	12	18	24	30	36	42	48	54
7	14	21	28	35	42	49	56	63
8	16	24	32	40	48	56	64	72
9	18	27	36	45	54	63	72	81

18. PROBLÈME. Soit à chercher le prix de 842 pièces de vin à 324 francs l'une. On indique ainsi l'opération : 324×842.

19. Après avoir disposé les nombres comme pour la soustraction, on commence par la droite, et l'on répète successivement les chiffres 2, 4, 8, du multiplicande, autant de fois qu'il y a d'unités dans le premier chiffre à droite (4) du multiplicateur. Si le résultat ne dépasse pas 9, on l'écrit tel qu'on le trouve ; dans le cas contraire, on n'écrit que les unités de l'ordre où l'on est, et l'on reporte les dizaines sur le produit suivant. On obtient ainsi un *premier produit partiel* 3.368. Opérant de même avec le chiffre 2 du multiplicateur, on trouve un *second produit partiel* 1.684, qu'on écrit sous le premier, en reculant d'un rang vers la gauche, puisque c'est un produit de *dizaines*. On fait de même pour le chiffre 3, qui donne 2.526 pour *produit partiel*. On fait la somme de ces produits partiels, ce qui donne le produit total des 842 pièces de vin.

$$
\begin{array}{r}
842 \\
324 \\
\hline
3368 \\
1684 \\
2526 \\
\hline
272808
\end{array}
$$

20. S'il se trouve un ou plusieurs zéros dans le multiplicateur, on les écrit à leur ordre, au produit partiel, puis on passe au chiffre significatif à gauche.

Soit à chercher le prix de 845 maisons à 13.004 fr. l'une.

Opération :   845
                         13004
                         ─────
                        ˙3380
                      2 53500.
                      8 45....
                      ─────────
                      10.988.380 francs.

21. La multiplication des nombres décimaux se fait de même, sans avoir égard à la virgule. Il faut seulement retrancher sur la droite du produit autant de *décimales* que les deux facteurs en contiennent *ensemble*.

22. Voici quelques exemples :

83,75	325 litres	812,245
2,82	63,75	32,75
16750	1625	4061225
67000	2275	5685715
16750	975	1624490
	1950	2436735
236,1750	20.718,75	26.601,02375

23. On peut renverser l'ordre des facteurs sans que le produit change ; ainsi $87 \times 23 = 23 \times 87$. Pour abréger la multiplication, on fera donc toujours *multiplicande* le nombre qui contient le plus de chiffres. Si l'on avait à chercher le prix de 24 moutons à 35 fr. 75 c., on multiplierait 35,75 par 24.

24. Pour multiplier un nombre entier par 10, 100, 1000, etc., il suffit d'écrire à sa droite *un, deux, trois,* etc., zéros.

$$83 \times 10 \quad = 830$$
$$\times 100 \quad = 8300$$
$$\times 1000 = 83000$$

25. Pour multiplier un nombre décimal par 10, 100, 1000, etc., on recule la virgule de *un, deux, trois,* etc., rangs vers la droite.

$$8,8752 \times 10 \quad\;\; = 88,752$$
$$\times 100 \quad = 887,52$$
$$\times 1000 \quad = 8875,2$$
$$\times 10000 = 88752.$$

26. S'il n'y avait pas assez de décimales pour faire cette opération, on écrirait à droite de celles qui existent autant de zéros qu'il en serait besoin.

27. Soit à multiplier 78.23 par 10.000.

Pour multiplier par 10, nous reculons la virgule, et nous avons 782,3; par 100, nous avons 7823; par 1000, 78,230; et par 10000, 782,300.

28. Quand les facteurs sont terminés par des zéros, on n'en tient pas compte, sauf à les ajouter à la droite du produit.

$$286.000 \times 3.200 \text{ se réduit à } 286$$

$$
\begin{array}{r}
286 \\
32 \\
\hline
572 \\
858 \\
\hline
\end{array}
$$

Et en ajoutant les 5 zéros négligés : 915.200000.

29. Si l'on avait à chercher le produit de plusieurs nombres, il faudrait voir (puisqu'on peut en changer l'ordre) s'ils ne pourraient se combiner de manière à rendre le travail plus smple.

$$\text{Soit } 4 \times 8 \times 25 \times 125.$$

On remarque que $4 \times 25 = 100$; que $125 \times 8 = 1.000$, — ce qui réduit l'opération à $100 \times 1.000 = 100.000$.

30. Si l'on rend l'un des facteurs 10, 100, etc., fois *plus grand*, et l'autre 10, 100, etc., fois *plus petit*, le produit ne change pas ; de sorte que, si l'on avait $83,75 \times 1200$, on pourrait changer en 8375×12 ; car l'un des facteurs est 100 fois plus grand qu'il n'était, et l'autre 100 fois plus petit.

31. PREUVE. — En renversant l'ordre des facteurs, le produit doit être le même.

$$
\begin{array}{cc}
443 \text{ billes.} & 227 \text{ billes.} \\
227 & 443 \\
\hline
3101 & 681 \\
886 & 908 \\
886 & 908 \\
\hline
100.561 \text{ billes.} & 100.561 \text{ billes.}
\end{array}
$$

Chapitre V. — DIVISION.

32. La *division* est une opération qui consiste à chercher combien un nombre appelé *dividende* contient de fois un autre nombre appelé *diviseur*.

Le résultat se nomme *quotient*.

On peut encore dire que la *division* est une opération qui a pour but de partager un nombre appelé *dividende* en autant de parties égales qu'il y a d'unités dans un autre nombre appelé *diviseur*.

Il résulte de la définition de la division, que le *produit du diviseur par le quotient doit toujours égaler le dividende*.

33. PROBLÈME. — Partager 8475 francs entre 25 personnes, et dire la part qui revient à chacune.

On indique l'opération ainsi : $\dfrac{8475}{25}$

$$\begin{array}{c|c} 8475 & 25 \\ 97 & \overline{339} \\ 225 & \\ 00 & \end{array}$$

Après avoir écrit le diviseur à la droite du dividende, et les avoir séparés par un trait, on tire un autre trait sous le diviseur afin de le séparer du quotient, qu'on écrira dessous. Puis on prend sur la gauche du dividende un *dividende partiel*, 84, qui puisse contenir 25 ; comme 84 contient 3 fois 25, on écrit 3 au quotient, et l'on retire 75, produit de 3×25, de 84 : on écrit le reste 9 sous 84. A la droite de ce reste, on abaisse le 7 du dividende, de manière à former un *second dividende partiel*, 97, lequel contient le diviseur 3 fois ; on écrit 3 au quotient, à droite du chiffre déjà obtenu, puis on retire 75, produit de 3×25, de 97. A la droite du reste 22, on abaisse le 5 du dividende, et l'on obtient un *troisième dividende partiel*, 225, lequel contient 9 fois le diviseur ; on écrit 9 au quotient, et l'on retire 225, produit de 9×25, de 225 ; *le reste zéro* indique que 8475 contient *exactement* 339 fois 25, ou qu'en d'autres termes, chaque personne aura 339 fr. S'il y avait un reste, comme dans l'exemple ci-

$$\begin{array}{c|c} 9275 & 34 \\ 247 & \overline{272} \\ 95 & \\ 27 & \end{array}$$

contre, on mettrait une virgule au quotient, après 272, puis on écrirait un *zéro* à la droite du reste 27, et l'on continuerait la division. A la droite du nouveau reste, on écrirait encore *zéro,* et ainsi de suite, selon le nombre de décimales qu'on voudrait avoir au quotient. Voici la division précédente poussée jusqu'aux dix-millièmes.

$$
\begin{array}{r|l}
9275 & 34 \\
247 & \\ \cline{2-2}
95 & 272,7941 \\
270 & \\
320 & \\
140 & \\
40 & \\
6 &
\end{array}
$$

34. Quand les nombres proposés renferment des décimales, on s'arrange pour qu'il y en ait autant dans les deux facteurs, en complétant par des zéros placés à droite de celui qui en a le moins : cela fait, on supprime la virgule de part et d'autre, et l'on opère comme précédemment.

Ainsi, $\dfrac{83,7}{24,375}$ deviendra $\dfrac{83,700}{24,375}$ et enfin $\dfrac{83700}{24375}$

35. Si le dividende était plus petit que le diviseur, on écrirait 0 au quotient ; on mettrait un *zéro* à la droite du dividende, et l'on continuerait la division.

Soit $\dfrac{113}{245}$　　　　　*Opération.*
$$
\begin{array}{r|l}
1130 & 245 \\
1500 & \\ \cline{2-2}
30 & 0,46
\end{array}
$$

36. Pour diviser un nombre entier par 10, 100,

1000, etc., on retranche, de droite à gauche, *un*, *deux*, *trois*, etc., chiffres :

$$4875 \text{ divisé par } 10 = 487,5$$
$$— \quad 100 = 48,65$$
$$— \quad 1000 = 4,875$$

Soit à diviser 24 par 1000. Comme il faut retrancher trois chiffres, et que 24 n'en renferme que deux, nous remplacerons par des zéros à sa gauche les chiffres qui manqueront, puis nous ajouterons une virgule et un zéro pour remplacer les unités.

37. Pour diviser un nombre décimal par 10, 100, 1000, etc., on porte la virgule de *un*, *deux*, *trois*, etc., rangs à gauche.

$$24839,34 \text{ divisé par } 10 = 2483,934$$
$$— \quad 100 = 248,3934$$
$$— \quad 1000 = 24,83934$$
$$— \quad 10000 = 2,483934$$

38. Le quotient d'une division ne change pas si l'on rend *les deux termes* (facteurs) un certain nombre de fois plus *grands* ou plus *petits*.

$$\text{Ainsi, } \frac{840}{340} = \frac{8400}{3400} = \frac{84}{34} = \frac{42}{17} = 2,47$$

Un nombre est divisible :
Par 2 — s'il est terminé par 0, 2, 4, 6 ou 8 :
c'est-à-dire *pair*;

par 3 ou 9 — si la somme de ses chiffres peut se diviser exactement par 3 ou par 9;

par 4 — quand ses deux derniers chiffres sont divisibles par 4 ;

par 5 — si son dernier chiffre est 0 ou 5;

par 6 — s'il est pair et divisible par 3;

par 8 — si ses 3 derniers chiffres sont divisibles par 8 ;

par 12 — s'il l'est par 3 et par 4;

par 15 — s'il l'est par 3 et par 5 ;

par 18 — s'il est pair et divisible par 9 ;

par 24 — s'il l'est par 3 et par 8 ;

par 25 — si ses 2 derniers chiffres sont divisibles par 25.

39. PREUVE. — En multipliant le *diviseur* par le *quotient*, et en ajoutant au produit le *reste*, s'il y en a un, on doit retrouver le *dividende*.

Division :

```
78325 | 438
3452  | ———
 3865 | 178
  361 |
```

Preuve :

```
Diviseur      438
Quotient      178
              ———
             3504
             3066
              438
Reste.....    361
             ———
Dividende.... 78325
```

Chapitre VI. — FRACTIONS ORDINAIRES.

40. Les *fractions ordinaires* sont des parties de l'unité divisée en parties égales, *mais non décimales :* ainsi $\frac{3}{4}$, qu'on énonce *trois quarts*, est une fraction ordinaire qui désigne *trois parties* d'une unité divisée en 4 parties égales.

Le nombre supérieur s'appelle *numérateur.*

Le nombre inférieur s'appelle *dénominateur.*

41. On s'aperçoit qu'une fraction ordinaire n'est qu'une *division indiquée.* Si l'on opérait la division de 3 par 4, le quotient $\frac{75}{100}$ exprimerait bien une quantité égale à $\frac{3}{4}$. Donc, toutes les fois qu'on voudra *changer* une fraction ordinaire en fraction décimale, il suffira d'effectuer la division du numérateur par le dénominateur. Ainsi $\frac{7}{8}$ signifiant 7 divisé par 8, vaut autant que 0,875, quotient des deux nombres.

42. On ne change pas la valeur d'une fraction ordinaire, si l'on rend *ses deux termes* un certain nombre de fois *plus grands* ou *plus petits.*

$$\text{De sorte que} \quad \frac{4}{12} = \frac{4 \times 6}{12 \times 6} = \frac{4 \times 20}{12 \times 20} = \frac{2}{6} = \frac{1}{3}$$

43. On rend une fraction 2, 3, 4, 5, 20, etc., *fois plus forte* en multipliant son *numérateur* par ces nombres; on la rend 2, 4, 5, 20, etc., *fois moins forte* en multipliant son *dénominateur* par ces nombres.

Pour rendre la fraction $\frac{7}{9}$ 9 fois plus forte, il suffit d'écrire $\frac{7 \times 9}{9} = 7$.

Pour rendre la fraction $\frac{7}{9}$ 9 fois plus petite, il suffit d'écrire $\frac{7}{9 \times 9} = \frac{7}{81}$.

44. ADDITION. On ajoute ensemble des fractions ordinaires comme on ferait pour des objets quelconques : ainsi 3 pommes $+$ 4 pommes $+$ 7 pommes font 14 pommes ;

de même $\frac{3}{8} + \frac{4}{8} + \frac{7}{8}$ font $\frac{14}{8}$.

Mais on ne pourrait pas plus ajouter $\frac{3}{4}$ avec $\frac{2}{5}$ que 3 noix avec 2 couteaux ; il faut alors réduire les fractions au même dénominateur, ce qui se fait en multipliant les deux termes de chacune d'elles par le *dénominateur* ou les *dénominateurs* des autres.

$\frac{3}{4} + \frac{2}{5}$ deviendront $\frac{3 \times 5}{4 \times 5} + \frac{2 \times 4}{5 \times 4}$ ou $\frac{15}{20} + \frac{8}{20} = \frac{23}{20}$

$\frac{2}{7} + \frac{3}{5} + \frac{2}{3}$ deviendront $\frac{2 \times 5 \times 3}{7 \times 5 \times 3} + \frac{3 \times 3 \times 7}{5 \times 3 \times 7} + \frac{2 \times 7 \times 5}{3 \times 7 \times 5}$ ou $\frac{30}{105} + \frac{63}{105} + \frac{70}{105} = \frac{163}{105}$.

45. REMARQUES. — 1° Quand les deux termes d'une fraction sont égaux, comme $\frac{4}{4}, \frac{20}{20}, \frac{100}{100}, \frac{3}{3}, \frac{1}{1}$, ces expressions fractionnaires égalent l'unité.

2° Lorsque le *numérateur* est plus grand que le dénominateur, comme $\frac{23}{20} = \frac{20}{20} + \frac{3}{20}$, l'expression *fractionnaire* contient plus que l'unité.

Si l'on avait à ajouter $35\frac{2}{7}$ avec $18\frac{3}{5}$, on ajouterait d'abord les nombres entiers $35 + 18 = 53$, puis les fractions $\frac{2}{7} + \frac{3}{5}$,

qui deviendraient $\frac{2 \times 5}{7 \times 5} + \frac{3 \times 7}{5 \times 7} = \frac{10}{35} + \frac{21}{35} = \frac{31}{35}$

Ensemble $53\frac{31}{35}$.

46. Soustraction. On agit comme pour l'addition, quand il s'agit de fractions seules ; si elles étaient accompagnées de nombres entiers comme $12\frac{2}{12} - 6\frac{3}{4}$, on convertirait les entiers en fractions, en se rappelant que l'unité $= \frac{11}{11}, \frac{4}{4}$, etc.

Alors 12 *entiers* vaudront 12 fois $\frac{11}{11}$ ou $\frac{132}{11}$ qui, joints aux autres $\frac{2}{11}$ donnent ensemble $\frac{134}{11}$.

De même, 6 *entiers* valent 6 fois $\frac{4}{4}$ ou $\frac{24}{4}$ qui, joints aux autres $\frac{3}{4}$, donnent ensemble $\frac{37}{4}$;

Ce qui ramène l'opération à $\frac{134}{11} - \frac{27}{4}$

ou $\frac{134 \times 4}{11 \times 4} - \frac{27 \times 11}{4 \times 11}$ ou $\frac{536}{44} - \frac{297}{44} = \frac{239}{44} = 5 + \frac{19}{44}$.

47. Multiplication. La multiplication des fractions se fait en multipliant les numérateurs et les dénominateurs entre eux.

Problème : Que valent $\frac{5}{11}$ de mètre à $\frac{3}{4}$ de franc.

Opération : $\frac{5 \times 3}{11 \times 4} = \frac{15}{44} = 0$fr., 34 cent.

48. Si les nombres à multiplier renferment des entiers, on agit comme pour la soustraction, c'est-à-dire qu'on change le tout en fractions.

Soit 8 m. $\frac{5}{6}$ de toile à 2 fr. $\frac{2}{3}$.

Transformation : $\frac{53}{6} \times \frac{8}{3} = \frac{424}{18} = 23$ fr. 55 cent.

49. **Division.** Pour faire une division de fractions, on renverse la *fraction diviseur*, et l'on fait ensuite une multiplication de fractions.

Problème : Pour $\frac{5}{8}$ de franc on a eu $\frac{7}{9}$ de mètre ; que vaut le mètre ?

Opération : $\frac{5 \times 9}{8 \times 7} = \frac{45}{56} = 0$ fr. 80 c. le mètre.

Problème : On a donné 80 fr. $\frac{3}{4}$ à un ouvrier pour 16 jours $\frac{1}{3}$ de travail ; à combien revient une journée ?

On a d'abord, en transformant, $\frac{323}{4}$ et $\frac{49}{3}$.

Puis, en renversant la partie diviseur :

$$\frac{323 \times 3}{4 \times 49} = \frac{969}{196} = 4 \text{ fr. } 94 \text{ c. la journée.}$$

50. **Remarque essentielle.** Dans la pratique, les élèves feront mieux de changer les fractions ordinaires en fractions décimales, lorsqu'ils le trouveront plus facile, et d'opérer ensuite comme avec des nombres décimaux.

Ainsi, reprenant le problème précédent, nous aurions 80 fr. 75 c. à diviser par 16, 33 ; ce qui donne également 4 fr. 94 c. pour la journée.

Chapitre VII. — MÉTHODE DE L'UNITÉ.

51. Cette méthode, à l'aide de laquelle on peut résoudre tous les problèmes d'intérêt, d'escompte, de société, d'alliage, etc., consiste à ramener les *données* à l'*unité* pour ensuite en déduire, à l'aide de multiplications ou de divisions, la valeur, le produit, etc., de *plusieurs unités*.

52. PREMIER PROBLÈME. 80 ouvriers ont fait 120 mètres; quel sera le travail de 36 ouvriers ?

On cherche d'abord le travail d'*un* ouvrier, qui s'exprime par $\frac{120}{80}$, expression qu'il suffit de multiplier par 36, ce qui donne $\frac{120 \times 36}{80}$, véritable division. Or nous avons dit qu'on peut rendre les deux termes d'une division 2, 3, 8, etc., fois *plus petits* ou plus *grands*, sans que le résultat change : nous pouvons donc simplifier l'expression ci-dessus en la changeant,

d'abord en celle-ci: $\frac{12 \times 36}{8}$, puis en cette autre, en prenant le quart de part et d'autre : $\frac{12 \times 9}{2}$, puis enfin en celle-ci : $\frac{6 \times 9}{1}$, valeur égale à celle de la première expression.

De sorte que $\frac{120 \times 36}{80} = \frac{6 \times 9}{1} = 54$ mètres.

53. DEUXIÈME PROBLÈME. Quels sont les intérêts de 845 francs placés pendant 240 jours à 5 p. 0/0 par an (360 jours)?

On cherche l'intérêt de *un franc* pour *un jour*, ce qui donne $\frac{5}{100}$, puis $\frac{5}{100 \times 360}$; l'intérêt de 845 fr. sera 845 fois plus fort ou $\frac{5 \times 845}{100 \times 360}$; puis enfin cet intérêt pour 240 jours deviendra 240 fois plus fort, ou $\frac{5 \times 845 \times 240}{100 \times 360}$, expression que l'on peut simplifier en opérant comme précédemment.

$$\frac{5 \times 845 \times 240}{100 \times 360}, \quad \frac{5 \times 84,5 \times 6}{9}, \quad \frac{5 \times 8,45 \times 2}{3},$$

$$\frac{84,5}{3} = 28 \text{ fr. } 17 \text{ c.}$$

54. Troisième problème. 12 ouvriers ont fait 17 mètres $\frac{2}{3}$ en 6 jours $\frac{3}{4}$; combien 8 ouvriers feront-ils de mètres en 9 jours $\frac{2}{5}$?

On change les fractions ordinaires en décimales, ce qui donne :

12 ouv.	17 mèt., 666	6 j., 75.
8 ouv.	—	9 j., 40.

On cherche ensuite le travail d'*un ouvrier* en *un jour*, ce qui s'indique par $\frac{17,666}{12 \times 6,75}$; puis celui de 8 ouvriers pendant 9 j., 40, valeur qu'on obtiendra en rendant la fraction successivement 8 fois et 9,40 fois plus forte ;

$$\text{d'où } \frac{17,666 \times 8 \times 9,40}{12 \times 6,75}.$$

Comme il y a *quatre* décimales au dividende,

et *deux* seulement au diviseur, on écrit *deux zéros* à la droite de 6,75, et l'on supprime les virgules en haut et en bas;

on a alors : $\dfrac{17666 \times 8 \times 94}{12 \times 67500} = \dfrac{17666 \times 2 \times 94}{3 \times 67500} = \dfrac{3321208}{202500}$

et finalement 16 mètres 40 cent.

55. Quatrième problème. 3 ouvriers ont reçu 630 fr. pour 90 jours de travail : le premier a travaillé 32 jours; le second 45 jours; le troisième 13 jours : que revient-il à chacun ?

630 fr. étant la somme donnée pour 90 jours; pour *un jour* on donnera 90 fois moins, ou $\dfrac{630}{90}$; maintenant il ne reste plus qu'à multiplier cette fraction successivement par les journées de chaque ouvrier, pour savoir ce qu'il revient à chacun, en raison de son travail.

Premier.. $\dfrac{630 \times 32}{90} = \dfrac{7 \times 32}{1} = 224$ f.

Deuxième. $\dfrac{630 \times 45}{90} = \dfrac{7 \times 45}{1} = 315$ f. $\Big\}$ ensemb. 630 f.

Troisième. $\dfrac{630 \times 13}{90} = \dfrac{7 \times 13}{1} = 91$ f.

56. Nous ne pouvons entrer ici dans de plus grands détails; mais nous ne saurions trop recommander à nos confrères l'usage de cette méthode, si facilement comprise des élèves et qui tient continuellement leur esprit en éveil par le raisonnement qu'ils sont obligés de faire sur chaque problème. Les *simplifications* auxquelles cette méthode donne lieu leur feront rapidement

découvrir les *caractères de divisibilité* des nombres indiqués.

57. OBSERVATIONS SUR LES RÈGLES D'INTÉRÊT. On appelle *taux* l'intérêt de *cent francs* pour un an. Le taux légal est 5 pour les prêts, emprunts, et 6 pour le commerce; mais il peut n'être que 3, 3 1/2, 4, 4 1/2. Le *capital* est la somme *prêtée* ou *placée*. L'*intérêt* est le bénéfice qu'on en retire. Le *temps* est le nombre d'années, de mois, de jours pendant lesquels le capital a été engagé.

Si l'on désigne le *capital* par C,

l'*intérêt* par I,

le *taux* par t,

le *temps* par T.

$$\text{Capital} = \frac{I \times 100}{t \times T}$$

$$\text{Intérêt} = \frac{C \times t \times T}{100}$$

$$\text{Taux} = \frac{I \times 100}{C \times T}$$

$$\text{Temps} = \frac{I \times 100}{C \times t}$$

Si le *temps* était exprimé en années, mois et jours, on réduirait le tout en jours, et le T serait alors $\frac{\text{Jours}}{360}$. Par exemple, s'il s'agissait de chercher à quel *taux* 9.000 fr. ont été placés pour produire 600 fr. d'intérêts en 120 jours, on aurait, selon la formule du taux :

$$\text{Taux} \; \frac{600 \times 100}{9000 \times \frac{120}{360}} \;\text{ou}\; \frac{600 \times 100 \times 360}{9000 \times 120} = 20 \text{ pour cent.}$$

58. Nous allons donner une table à l'aide de laquelle on peut rapidement calculer les *intérêts composés*. Il suffira d'y chercher le nombre correspondant au *taux* et au *temps* donnés, et de le multiplier par le *capital*. Le résultat exprimera ce que devient la somme *avec* les intérêts composés. Si l'on voulait ces intérêts *seulement*, on remplacerait le 1, des nombres par 0.

Nous n'avons calculé cette table que pour 10 ans ; mais l'élève pourra l'étendre à volonté : il suffira pour cela de multiplier le dernier nombre de la colonne par le premier ; puis le *produit* encore par le premier, et ainsi de suite : il ne conservera que 5 décimales à chaque produit.

3 p. %	3 1/2	4	4 1/2	5	5 1/2	6	pendant
1,03000	1,03500	1,04000	1,04500	1,05000	1,05500	1,06000	1 an.
1,06090	1,07122	1,08160	1,09202	1,10250	1,11302	1,12360	2 ans.
1,09272	1,10871	1,12486	1,44116	1,15762	1,17424	1,19101	3 ans.
1,12550	1,14752	1,16985	1,19251	1,21250	1,23884	1,26247	4 ans.
1,15927	1,18769	1,21665	1,24618	1,27627	1,30696	1,33822	5 ans.
2,19405	1,22925	1,26531	1,30225	1,33009	1,37883	1,41852	6 ans.
1,22987	1,27228	1,31593	1,36086	1,39659	1,45466	1,50363	7 ans.
1,26677	1,31680	1,36856	1,42210	1,46643	1,53467	1,59385	8 ans.
1,30476	1,36289	1,42331	1,48609	1,53975	1,61907	1,68948	9 ans.
1,34390	1,41059	1,48024	1,55277	1,61674	1,70812	1,79085	10 ans.

59. Problème. Que deviendra une somme de 6.345 fr. placée à 5 ½ pour cent pendant 9 ans, à intérêts composés ?

$$1,61907 \times 6345 = 10.272^f,99^c.$$

Les intérêts seuls : $0,61907 \times 6345 = 3927^f,99^c$

Chapitre VIII. — SYSTÈME MÉTRIQUE.

60. Le *Système métrique* est l'ensemble des *mesures* qui sont basées sur le *mètre*.

On appelle le système métrique DÉCIMAL, parce que ses *sous-multiples* et ses *multiples* sont successivement de dix en dix fois plus grands. Il est appelé LÉGAL, parce qu'il est prescrit par la loi.

Les mesures sont :

UNITÉS		
pour les *longueurs*.	{	*Mètre,* long. égale à la 40.000.000e partie du tour de la terre.
pour les *terrains*...	{	*Are,* carré de 10 *mètres* sur chaque côté, ou 100 *mètres carrés*.
pour les *bois* de chauffage......	{	*Stère,* mesure valant un *mètre cube*.
pour les *liquides,* les *grains*......	{	*Litre,* capacité d'un *décimètre cube*.
pour les *pesanteurs*.	{	*Gramme,* poids d'un *centimètre cube* d'eau pure.
pour les *monnaies*..	{	*Franc,* pièce d'argent du poids de 5 *grammes*.

Pour exprimer des quantités plus grandes ou plus petites que l'unité, on se sert de certains mots dont voici l'ordre et la valeur :

MYRIA.	KILO.	HECTO.	DÉCA.	*Unités*	DÉCI.	CENTI.	MILLI.
10.000	1.000	100	10	1	0,1	0,01	0,001

Ce sont les *multiples* et *sous-multiples* de l'unité.

Le mètre et le gramme admettent tous les multiples et tous les sous-multiples.

L'are n'admet que *centiare* et *hectare ;*
Le stère —   que *decistère* et *décastère ;*
Le litre —   ni *millilitre* ni *myrialitre ;*
Le franc —   que *décime* et *centime.*

Ainsi *kilomètre* veut dire 1000 mètres; *décalitre*, 10 litres; *centiare*, centième partie de l'are.

De sorte que 564 mètres peuvent se décomposer ainsi :

500 mètres ou 5 hectom. ⎫
 60 mètres ou 6 décam.. ⎬ 5 hec. 6 déc. 4 mèt.
 4 mètres ou 4 mètres.. ⎭

et que 35 kilolitres 753 litres peuvent se lire ainsi :

357 hectol. 53 litres.
ou 3.575 décal. 3 litres.
ou 35.753 litres.

61. REMARQUE. Quand on écrit un nombre, il faut avoir bien soin de remplacer par des *zéros* les *ordres* (kilo, hecto, etc.) qui manquent.

Si l'on avait 3 kilomètres 9 mètres 8 millim. à écrire, on le ferait ainsi : 3 kilom. — 009^m.008, attendu que les *hecto*, les *déca*, ainsi que les *déci* et *centi*, manquent.

62. REMARQUES. De ce que l'*are* vaut 100 métres carrés, le *centiare* vaut la centième partie de 100 mètres carrés, ou *un mètre carré*.

L'*hectare* vaut 100 ares, c'est-à-dire 100 fois 100 mètres carrés, ou 10.000 mètres carrés. (C'est aussi un *hectomètre carré*.)

Le *mètre cube* d'eau pèse 1.000 *kilogrammes*.

Le *mètre cube* vaut mille *décimètres cubes*, et le *décimètre cube mille centimètres cubes*.

Le *litre* d'eau pèse *un kilogramme*.

Deux cents francs en argent pèsent *un kilogram*.

Une capacité d'un mètre cube contient 1.000 litres ou un kilolitre ; etc.

Un *mètre cube* d'eau pèse 1.000 *kilogrammes :* c'est la *tonne métrique ;* un *hectolitre* d'eau pèse 100 *kilogrammes*.

C'est au maître habile à faire faire de ces rapprochements aux élèves : ceux-ci les feront bien plus facilement s'ils sont déjà familiarisés avec la mesure des *surfaces* et des *volumes ;* c'est pourquoi nous n'insistons pas ici.

63. Les *monnaies* françaises se font en *or*, en *argent* ou en *bronze*. L'or monnayé, à poids égal, vaut 15 fois $\frac{1}{2}$ plus que l'argent et 310 fois plus que le bronze ; — l'argent monnayé vaut 20 fois plus que le bronze.

Le kilogr. d'or pur   vaut 3444^f 44^c
Le kilogr. d'or monnayé   —   3100   »
Le kilogr. d'argent pur   —   222 22
Le kilogr. d'argent monnayé   —   200   »
Le kilogr. de bronze monnayé —   10   »

MONNAIES FRANÇAISES.

		Poids.	Diamètre.
En *or : pièce de...* 100 fr.	—	32^{g}26	— 35^m
— 50	—	16,13	— 28
— 20	—	6,45	— 21
— 10	—	3,226	— 19
— 5	—	1,613	— 17
En *argent : pièce de* 5	—	25 »	— 37
— 2	—	10 »	— 27
— 1	—	5 »	— 23
— 0,50	—	2,5	— 18
— 0,20	—	1 »	— 15
En *bronze : pièce de* 0,10	—	10 »	— 30
— 0,05	—	5 »	— 25
— 0,02	—	2 »	— 20
— 0,01	—	1 »	— 15

REMARQUE. La pièce de 2 fr. en argent et celle
de 0^f,10 c. en bronze sont de même poids ; — de
même que celle de 1^f et de 0^f,05 ; — que celles
de 0^f,20 et de 0^f,01.

Chapitre IX. — RACINE CARRÉE (1).

64. La *racine carrée* est une opération par

---

(1) Notre modeste titre nous faisait presque un devoir de suppri-
mer ce chapitre ; mais, ayant réfléchi qu'on a souvent besoin de

laquelle le produit d'un nombre multiplié par lui-même étant donné (ce produit s'appelle *carré*), on recherche ce nombre (appelé *racine*).

La racine carrée d'un nombre s'indique par ce signe $\sqrt{}$; ainsi $\sqrt{423}$ signifie qu'il faut chercher la racine carrée de 423.

CARRÉS DES NEUF PREMIERS NOMBRES.

RACINES	CARRÉS
1	1
2	4
3	9
4	16
5	25
6	36
7	49
8	64
9	81

Soit à chercher la racine carrée de 127449.

$$
\begin{array}{c|c}
12.7\ 4.\ 4\ 9 & 65\text{---}707 \\
3.7.4 & \overline{357} \\
4\ 9\ 4.9 & \\
0\ 0\ 0 & \\
\end{array}
$$

On dispose l'opération comme pour la division ; puis on sépare le nombre proposé en tranche de

---

chercher le côté d'un carré d'une contenance donnée, et qu'après tout, l'opération dont il traite n'est guère plus difficile que la *division*, nous l'avons conservé : ce qui abonde ne vicie pas.

deux chiffres, en allant de droite à gauche. On cherche quel est le plus grand carré contenu dans la première tranche 12; ce carré est 9, dont la racine est 3, qu'on écrit sous le trait horizontal (comme pour le quotient d'une division). On retire le carré 9 de la tranche 12, et à la droite du reste 3 on abaisse la seconde tranche 74, dont on sépare le dernier chiffre par un point. Cela fait, on *double* la racine déjà obtenue, de manière à en former un *diviseur* 6 par lequel on divise 37.4; on écrit le résultat 5 à la droite du 3 de la racine, et aussi à la droite du diviseur 6, qui devient 65. Opérant ensuite comme pour la division, on multiplie 5 par 65, et l'on retranche le produit 325 de 374. A la droite du reste 49 on abaisse la dernière tranche 49, dont on sépare le dernier chiffre par un point; on *double* la racine 35 déjà obtenue de manière à en former un second diviseur 70, qu'on écrit à la droite du premier 65 (celui-ci est désormais inutile; on peut donc le rayer si l'on veut) : il ne s'agit plus que de diviser 494.9 par 70. On écrit le résultat 7 à la racine et au diviseur, comme précédemment; puis, multipliant 707 par 7, on retire le produit 4949 du dividende 494.9. Le reste zéro fait voir que le nombre proposé est un carré parfait, dont 357 est la racine exacte : en effet, $357 \times 357 = 127449$.

65. **Autre exemple.** Soit à chercher $\sqrt{32,72}$

avec trois décimales. Comme il faut toujours abaisser une tranche de deux chiffres pour obtenir un chiffre à la racine, si nous voulons trois décimales à la racine, il en faudra six au carré proposé, qui deviendra 32,72.00.00.

$$32,72.00.00 \big| 253 — 1061 — 10622.$$
$$\overline{\qquad\qquad 5,312 \qquad}$$

Agissant comme précédemment, nous aurons d'abord 5 pour les *unités* de la racine; puis 3 dixièmes, 1 centième, 2 millièmes; les diviseurs seront successivement 25,106, 1062.

Ne pas oublier d'écrire le chiffre trouvé au diviseur en même temps qu'à la racine.

66. AUTRE EXEMPLE. Soit à chercher $\sqrt{0,3102}$ avec quatre décimales à la racine. La racine ne renfermera évidemment pas d'unité.

$$0,31.0\ 2.0\ 0.0\ 0 \big| 105 — 1106 — 11129$$
$$\overline{ \big| 0,5569}$$
$$6\ 0.2$$
$$7\ 7\ 0.0$$
$$1\ 0\ 6\ 4\ 0.0$$
$$6\ 2\ 3\ 9$$

Si l'on voulait un plus grand nombre de décimales, on ajouterait *deux zéros* à la droite du reste 6239, et l'on continuerait l'opération; ainsi de suite.

67. Preuve. On multiplie la racine obtenue par elle-même. S'il y a un reste, on l'écrit sous les produits partiels avant d'en faire l'addition : on doit retrouver le *carré proposé.*

$$0,5569$$
$$0,5569$$

$$50121$$
$$33414$$
$$27845$$
$$27845$$
$$\text{Reste}\ldots\ldots\quad 6239$$

$$0,31020000$$

68. On obtient la racine carrée d'une *fraction* en extrayant celle de ses deux termes. Ainsi,

$$\sqrt{\frac{1024}{2304}} = \frac{\sqrt{1024}}{\sqrt{2304}} = \frac{32}{48} = \frac{2}{3} = 0,667$$

Et encore : $\sqrt{\dfrac{51}{93}} = \dfrac{7,14}{9,64} = 0,74.$

Mais en général il est plus expéditif de convertir la fraction ordinaire en fraction décimale, et d'extraire la racine carrée de cette dernière. Reprenant l'exemple ci-dessus, on a :

$$\sqrt{\frac{51}{93}} = \sqrt{0,5484} = 0,74.$$

PROBLÈME. Dans une prairie de forme carrée, il y a 6724 pommiers rangés sur un certain nombre de lignes. Le propriétaire en vend à son voisin une rangée à raison de 10 fr. par chaque arbre. Combien recevra-t-il ?

$$162$$
$$\sqrt{67.24} \quad 82 \text{ arbres.}$$
$$3\ 24$$
$$0\ 00$$

82 arbres $\times$ 10 fr. $=$ 820 fr.

Réponse : Il recevra 820 fr.

TABLE DES MATIÈRES

—

CORBEIL, typ. et ster. de CRÉTÉ FILS.

www.ingramcontent.com/pod-product-compliance
Ingram Content Group UK Ltd.
Pitfield, Milton Keynes, MK11 3LW, UK
UKHW022348120726
13694UKWH00004B/1748

CATALOGUE

DE LA COLLECTION

D'ESTAMPES

DES ÉCOLES

ITALIENNE, FLAMANDE ET FRANÇAISE,

ANCIENNES ET MODERNES

EAUX-FORTES & LITHOGRAPHIES

DESSINS

Provenant du Cabinet de M. L. B....... Artiste Peintre.

DONT LA VENTE AUX ENCHÈRES PUBLIQUES AURA LIEU

HOTEL DES COMMISSAIRES-PRISEURS,

Rue Drouot,

Salle n° 3, au premier étage,

LES JEUDI **4**, VENDREDI **5** ET SAMEDI **6** MAI **1854**, A MIDI.

Par le ministère de M° **DELBERGUE-CORMONT**,
Commissaire-Priseur, rue de Provence, 8,

Assisté de M. **VIGNÈRES**, Marchand d'Estampes,
50, quai de l'École,

Chez lesquels se distribue le présent Catalogue

EXPOSITION PUBLIQUE

Le Mercredi 3 Mai 1854, de midi à quatre heures.

PARIS

MAULDE & RENOU

IMPRIMEURS DE LA COMPAGNIE DES COMMISSAIRES-PRISEURS,
rue de Rivoli, 144.

4526

1854

PORTRAITS EN BISTRE.

Collection de Portraits inédits ou rares de Personnages célèbres.

REPRODUIT NOUVELLEMENT PAR LA GRAVURE.

LAMBALLE princesse de), dessinée d'après nature quelques heures
    avant sa mort par Gabriel, et gravée par Jules Porreau.
MARAT à la tribune, dess. d'après nature par Gabriel,   id.
CAYLA (comtesse de), née Talon, d'après le bar. Gérard,   Massard.
TALLIEN (madame), née Cabarus, d'apr. le bar. Gérard,   id.
THÉROIGNE DE MÉRICOURT, d'après l'original à la Bibl.,   Devritz.
STOLBERG, comtesse d'ALBANY (Louise-Max DE),   Varin.
DEVIENNE,) actrices du Théâtre-Franç., d'ap. les méd. } Normand.
MEZERAI,) dans le cabinet de M. Soleirol, à Paris, }
AMOROS, colonel, fondat. de la gymnast. en France,   Varin.
BABEUF (F.-N.-Gracchus), journaliste.   J. Porreau.
BARÈRE (Bertrand), de Vieuzac, conventionnel,   id.
BERRUYER, général, commandant des Invalides,   id.
BOSSUT (Charles, mathématicien,   id.
BRAZIER (Nicolas) auteur dramatique d'après Marlet,   id.
BRISSOT (J.-P.), de Varville, conventionnel,   id.
COCHON, comte de l'APPARENT, conventionnel, ministre.   id.
DE FERMONT, comte, député, conseiller d'Etat.   id.
DEBUREAU, acteur des Funambules, Pierrot.   id.
DONADIEU, baron, général de division.   id.
DORAT-CUBIÈRES PALMEZEAUX, poète, auteur dramat.   id.
DUCOS (Roger), avocat, constitut., 3e consul provisoire.   id.
ÉLIE DE BEAUMONT, avocat au Parlement de Paris,   Devritz.
FRÉRON (Louis Stanislas), conventionnel.   J. Porreau.
FROCHOT, comte, préfet, député,   id.
GARNERIN (A.-J.), inventeur du parachute.   id.
GAUDIN, duc de Gaëte, ministre des finances,   id.
GENLIS (A. Frulard, comte de), cap. des gardes, conv.,   id.
GEOFFROY (J.-L.), critique, journaliste,   id.
KANT (Emmanuel), philosophe allemand,   Bracquemond.
LAINÉ (J.-H., vicomte, ministre et académicien,   J. Porreau.
MESMER, auteur du magnétisme animal,   id.
PERSUIS (L. Loiseau de), musicien, d'ap. Pierre Guérin,   id.
PETIET (Claude), député, ministre de la guerre,   id.
REVEILLÈRE-LEPAUX, botaniste, théophilantrope,   id.
ROBERT LINDET, député, conventionnel, ministre,   id.
ROUGET DE L'ISLE, auteur de *la Marseillaise*.   Varin.
SILVAIN MARÉCHAL, poète et littérateur,   Devritz.
SAINT-PRIX, acteur de la Comédie Française,   J. Porreau.
SAINT-SIMON (Claude-H., comte de), philosophe,   Perrot.
VADIER (A.), député aux Etats-Généraux,   J. Porreau.
VATOUT (J.), poète, académicien, bibliothécaire,   Varin.
VIGÉE (L.-G.-B.-E.), poète et auteur dramatique,   J. Porreau.

Chaque portrait pouvant entrer dans in-8° est tiré in-4°.
Avec la lettre, papier blanc, 1 fr; papier de Chine, 1 fr. 25 c.
Avant la lettre, papier blanc, 1 fr. 50 c.; papier de Chine, 2 fr.
Dont il n'est tiré que 20 épr. blanc et 5 Chine.

Cette collection se continue; bientôt paraîtront :

AIMÉ MARTIN.
BEAUHARNAIS (Fanny).
DROZ (Joseph).
GODOÏ, prince de la Paix.
ROMME (Gilbert).
SAINT-HURUGE.